10分钟

学做快手早餐

10分钟系列

甘智荣 主编

U0388222

黑龙江科学技术出版社
HEILONGJIANG SCIENCE AND TECHNOLOGY PRESS

图书在版编目（CIP）数据

10 分钟学做快手早餐 / 甘智荣主编 . -- 哈尔滨：
黑龙江科学技术出版社 , 2018.8
（10 分钟系列）
ISBN 978-7-5388-9804-0

Ⅰ . ① 1… Ⅱ . ① 甘… Ⅲ . ① 食谱 Ⅳ . ① TS972.12

中国版本图书馆 CIP 数据核字 (2018) 第 122407 号

10 分 钟 学 做 快 手 早 餐

10 FENZHONG XUE ZUO KUAI SHOU ZAOCAN

作　者	甘智荣	
项目总监	薛方闻	
责任编辑	马远洋	
策　划	深圳市金版文化发展股份有限公司	
封面设计	深圳市金版文化发展股份有限公司	
出　版	黑龙江科学技术出版社	

地址：哈尔滨市南岗区公安街 70-2 号　邮编：150007
电话：（0451）53642106　传真：（0451）53642143
网址：www.lkcbs.cn

发　行	全国新华书店
印　刷	深圳市雅佳图印刷有限公司
开　本	723 mm × 1020 mm　1/16
印　张	10
字　数	120 千字
版　次	2018 年 8 月第 1 版
印　次	2018 年 8 月第 1 次印刷
书　号	ISBN 978-7-5388-9804-0
定　价	39.80 元

目 录

10分钟学做快手早餐！

第一章
学会这些，更快做早餐

第二章
百变面食，传统古早味儿

第三章
西式早餐，小资范儿十足

第四章
美味鸡蛋，做出营养早餐

第五章
米饭华丽变身，花样多多

第一章

学会这些，
更快做早餐

早餐，是三餐当中最重要的一餐，
上班族工作忙碌，早上总是赶着出门，
往往不是随意在早餐店购买，就是根本忘了吃。
但是早餐是人一整天的活力来源，
尽管早上的时间很有限，
我们也要好好吃早餐，
从今天起，备上这些食材，
10 分钟就能做出美味的早餐。

家中应常备的早餐食材

下面介绍的是一些家中应该常备的食材，有了它们，你的早餐可以每天都不一样。如欧姆蛋、面包粥、韩式饭团、炒饭、三明治、早餐面、包子、饺子等，听起来一大早处理起来好像都非常困难，但其实你只要周末备好各种食材，工作日的早上烹饪起来一点都不麻烦。

鸡蛋

水煮蛋、荷包蛋、温泉蛋、欧姆蛋……中式、西式、做法各式各样，用时短，是你赶时间的大救星，加上是软质食物，所以非常适合当早餐吃。

面包

早上起晚了，可以选择各种用吐司做成的三明治，或者烤面包搭配浓汤。吐司切下来的四边，也要收集起来，可以煮成牛奶面包粥，或者是放上奶酪、芝麻烤酥脆。

番茄

番茄可以直接生吃；或者做成番茄炒蛋，可当汤面的浇头；或是跟其他蔬菜一起炒，夹在面包里。由于番茄味道酸甜可口，就算每天吃也不会觉得腻。

肉类

周末可以腌一些肉放入冰箱，假如早上想吃牛肉汉堡，直接拿出腌制好的牛肉，放入烤箱中烤熟就好了，省去了腌制的时间，而且相当入味。并且早上用不完的肉，中午、晚上还可以用来炒菜，一点都不会浪费。

土豆

土豆营养丰富，既可以当主食也可以当菜，含有丰富的维生素及钙、钾等营养物质，且易于消化吸收，老少皆宜，难怪有人称誉它为"第二面包"，也有人赞扬它是"植物之王"。早上吃土豆泥、土豆饼、可乐饼……这些都是不错的选择。

南瓜

南瓜以糖类为主，脂肪含量很低。南瓜中丰富的胡萝卜素在机体内可转化成具有重要生理功能的维生素A，从而对维持正常视觉、促进骨骼的发育具有重要生理作用。

红薯和紫薯

薯类食物不仅维生素和矿物质的含量很高，膳食纤维的含量也高。膳食纤维能加快肠道蠕动，让肠道顺畅，起到排毒养颜的作用。早上，可以将其煮粥，赶时间的话可以直接蒸着吃。

洋葱

洋葱除了保存期限长之外，用途也很广，可制作吐司、炒饭、煎饼等，煮浓汤时也能派上用场。加上洋葱的早餐，可以激活你的味蕾，起到提神醒脑的功效。

火腿和香肠

可以买上一些火腿、香肠，有些可以常温保存，有些需要放冰箱，当早上想吃肉时，他们是最好的替代品。

燕麦片

燕麦片属于速食产品，不需要长时间高温烹煮，熟燕麦片只需煮5分钟，比较适合赶时间的上班族做早餐。

快速做好早餐的小心机

如何减少早餐的准备时间？如何缩短早餐的烹饪时间？这可能是很多人的困惑，其实你只需要在前一晚做好准备工作，就可以减少很多麻烦。例如，早上会使用到的锅具、碗盘、食材等尽可能放在显眼好拿的地方，事先揉好饺子皮，事先将食材都切好，事先将意大利面煮熟……

小心机 1 事先煮熟意大利面、揉好饺子皮

意大利面的煮法

材料：

意大利面300克，盐、食用油各少许，保鲜膜，带封口的冷冻保存袋1个

做法：

❶ 意大利面一般煮15分钟，在煮制的过程中加入少许盐。

❷ 将煮好的意大利面迅速放入凉水中。

❸ 待2分钟后，倒掉凉水，沥干。

❹ 在意大利面中加入食用油拌匀，防止面条粘在一起。

❺ 按食用量，用保鲜膜分别包好。

❻ 将包好的意大利面放入冷冻保存袋中，放入冰箱即可。

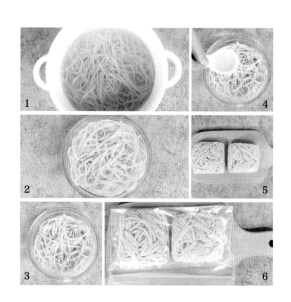

饺子皮的做法

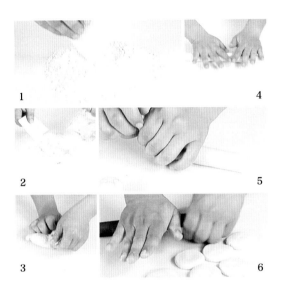

1　　　　　　　　　4

2　　　　　　　　　5

3　　　　　　　　　6

材料：

高筋面粉 50 克，低筋面粉 200 克，盐 3 克

做法：

❶ 将高筋面粉和低筋面粉倒在案板上，
混合拌匀。

❷ 取 50 克混合好的面粉，加入
80 ~ 100℃的热水，搅匀烫面。

❸ 将烫好的面放在案板上，加 3 克盐，
分几次加入清水和面，揉搓成光滑面团。

❹ 把面团擀成面片，对折，再擀平，反
复操作 3 次，将面片卷起来，搓成长条。

❺ 分成数个大小相同的小剂子。

❻ 把小剂子压扁，擀成饺子皮即可。

小心机 2　前一晚将食材切好

畜肉与禽肉

将肉切片或切条，加入少许盐、胡椒粉、
姜末、蒜末、料酒，拌匀，用保鲜膜包起
来放冰箱，可保存 1 个星期。

叶菜类

将叶菜洗净，切成长段，如果是要做炒饭
可以切碎，放在保鲜盒里保存。

锦上添花的腌渍小菜

　　早上无论是吃面条、粥还是馒头，总会搭配各种小菜，下面介绍家中常备腌渍小菜的做法。

白泡菜

准备原料： 白菜 250 克，梨 80 克，苹果 70 克，熟土豆片 80 克，胡萝卜 75 克，熟鸡胸肉 95 克，盐适量

制作方法： ①熟鸡胸肉切碎，洗净去皮的胡萝卜、苹果、梨切丝。②取一个碗，倒入白菜、盐，拌匀腌渍 20 分钟。③备好榨汁机，倒入熟土豆片、鸡胸肉碎，注入适量凉开水，将食材打碎后倒入碗中。④把梨丝、胡萝卜丝、苹果丝倒入鸡胸肉泥中，拌匀，放入适量盐，充分搅拌均匀。⑤取适量拌好的食材放在腌渍好的白菜叶上，将白菜叶卷起，放入碗中，用保鲜膜将碗封好，腌渍 12 小时即可。

酱腌白萝卜

准备原料： 白萝卜 350 克，朝天椒圈、姜片、蒜头各少许，盐 7 克，白糖 3 克，生抽 4 毫升，老抽 3 毫升，陈醋 3 毫升

制作方法： ①洗净去皮的白萝卜对半切开，切成片，把白萝卜片装入碗中，放入盐，拌匀，腌渍 20 分钟。②白萝卜片腌渍好后，加入白糖，拌匀。③倒入适量清水，将白萝卜片清洗一遍，将白萝卜片取出，待用。④白萝卜片放入生抽、老抽、陈醋，再加适量清水，拌匀。放入姜片、蒜头、朝天椒圈，拌匀。⑤用保鲜膜包裹密封好，腌渍 24 小时即可。

小萝卜泡菜

准备原料： 小萝卜 200 克，粗盐 10 克，小干鱼酱 10 克，虾仁酱 5 克，辣椒粉 10 克，蒜苗泥 10 克，姜末 6 克，糖 10 克，糯米粉 5 克

制作方法： ①水中加 5 克盐制成盐水，将洗净的小萝卜放在盐水里腌渍 3 小时后，捞出晾干。②锅里放入水与糯米粉搅匀，大火煮 5 分钟后，熄火放凉。③将小干鱼酱、虾仁酱、辣椒粉加入糯米汤中混合，做成调味酱。④往小萝卜里放入调味酱与蒜苗泥、姜末，搅拌后，用糖与盐调味，装在密封的容器中，压紧，压实。

黄瓜泡菜

准备原料： 小黄瓜 500 克，韭菜碎 50 克，虾酱 150 克，盐 30 克，葱末 28 克，蒜泥 16 克，姜末 4 克，辣椒粉 14 克

制作方法： ①小黄瓜洗净从中间切"十"字形花刀。②水中加盐制成盐水，小黄瓜在盐水里腌渍 2 小时。③在韭菜碎里放入虾酱与葱末、蒜泥、姜末、辣椒粉，拌匀成馅，将馅塞进小黄瓜的"十"字形切口中，再将小黄瓜堆叠着放入密封的容器里即可。

腊八蒜

准备原料： 整瓣儿的蒜头 300 克，醋 150 毫升，酱油 36 毫升，糖 36 克，盐 24 克

制作方法： ①蒜头去皮清洗干净，沥去水分。②将蒜头、水、醋装碗，腌渍 10 天左右。再将腌制的醋水取出备用。③锅里倒入腌渍的醋水，放入酱油、糖和盐调味，煮 5 分钟，放凉再倒入有蒜头的碗里，续腌渍 1 个月直至腌熟。

第二章

百变面食，
传统古早味儿

面食是很多人的早餐首选。
简单的面粉可以制出很多花样，
能满足你所有的早餐要求。
此外，面食一次可以做很多，
将吃不完的包子、馒头、饺子冷冻，
下次吃的时候再拿出来烹饪一下，
就变成了一份美味的早餐！

完美一天从一份面食开始！

烹饪时间	难易度	分量
10 分钟	★★☆	1 人份

葱丝挂面

材料

牛肉…100 克　　大葱白…25 克

挂面…80 克　　香葱…10 克

朝天椒圈…10 克　　香菜…少许

清水…300 毫升

清汤…100 毫升

调料

盐…2 克

黑胡椒粉…2 克

豆瓣酱…10 克

鱼酱…20 克

椰子油…6 毫升

做法

1 洗净的香葱对半切开，再切成段。

2 洗好的大葱白对半切块但不切断，压成片状，切丝。

3 洗净的牛肉切薄片。

4 汤锅置火上烧热，放入一半椰子油，倒入清水，加入清汤。

5 放入鱼酱、豆瓣酱，搅拌均匀，烧开，关火后盛出煮好的汤料，装碗待用。

6 炒锅置火上烧热，倒入剩余的椰子油，放入切好的牛肉片，炒约2分钟至转色。

7 加入盐、黑胡椒粉，炒匀调味，关火后盛出炒好的牛肉片，装盘待用。

8 洗净的汤锅注水烧开，放入挂面，煮约90秒至熟软，关火后捞出煮熟的挂面，沥干水分，装盘。

9 四周放入洗净的香菜，中间放入炒好的牛肉片。

10 放上切好的香葱段、大葱丝，加上朝天椒圈，浇上汤料即可。

小贴士

牛肉炒至几成熟可根据个人喜好和习惯来决定。

完美一天从一份面食开始！

烹饪时间
6 分钟

难易度
★ ☆ ☆

分量
2 人份

番茄牛肉面

材料

面条……250 克
牛肉汤……300 毫升
番茄……100 克
蒜末……少许
葱花……少许

调料

番茄酱……适量
食用油……适量

做法

1 洗好的番茄对半切开，改切成块。

2 锅中注入适量清水烧开。

3 放入备好的面条。

4 轻轻搅拌，煮约4分钟，至面条熟透。

5 关火后捞出煮好的面条，装入碗中，待用。

6 用油起锅，放入蒜末，爆香，挤入适量番茄酱，炒出香味。

7 倒入备好的牛肉汤，用大火略煮一会儿。

8 放入切好的番茄块。

9 拌匀，煮至断生。

10 关火后盛出煮好的汤料，浇在面条上，点缀上葱花即成。

小贴士

番茄煮的时间不宜太长，以免影响其口感。

扫一扫学烹饪

完美一天从一份面食开始！

鸡汁拉面

烹饪时间	难易度	分量
7分钟	★★☆	2人份

材料

面条…185 克　炸蒜片…少许
鸡胸肉…35 克　芹菜末…少许
海苔…8 克　　鸡骨高汤…400 毫升

调料

盐……2 克
鸡粉……2 克
生抽……4 毫升

做法

1 将洗净的鸡胸肉切片，再切小块，备用。

2 锅中注入适量清水烧开，放入备好的面条。

3 拌匀，用中火煮约4分钟，至面条熟透，关火后捞出煮熟的面条，沥干水分，待用。

4 另起锅，注入备好的鸡骨高汤，用大火略煮一会儿，加入盐、鸡粉，拌匀。

5 淋入生抽，拌匀，待汤汁沸腾，倒入鸡肉块，拌匀，煮至断生，制成汤料，待用。

6 取一个汤碗，倒入煮熟的面条，盛入锅中的汤料，撒上炸蒜片、芹菜末，放入海苔即成。

小贴士

鸡肉可用水淀粉腌渍一会儿，这样煮好的鸡肉口感更佳。

烹饪时间	难易度	分量
10 分钟	★★★	2 人份

肉燥面

材料

油面……230 克
基围虾……60 克
肉末……50 克
黄豆芽……25 克
卤蛋……1 个
香菜叶……少许
高汤……350 毫升

调料

盐……2 克
鸡粉……2 克
料酒……4 毫升
生抽……5 毫升
水淀粉……适量
食用油……适量

做法

1 将洗净的基围虾剥去虾壳，挑去虾线，待用；把卤蛋对半切开。

2 用油起锅，倒入备好的肉末，炒匀，淋入少许料酒，炒香。

3 倒入生抽，炒匀炒透，注入少许高汤，翻炒一会儿，至材料熟软。

4 加入少许鸡粉、盐、水淀粉，用中火快炒，至食材入味，关火后盛出肉末。

5 锅中注入清水烧开，放入洗净的黄豆芽，拌匀，煮至食材断生后捞出，沥干水分。

6 沸水锅中再放入虾仁，拌匀，汆烫至虾身弯曲，关火后捞出虾仁，沥干水分。

7 炒锅置火上，注入清水烧开，倒入油面拌匀，用中火煮至面条熟透，盛出。

8 另起锅，注入余下的高汤，用大火烧热，加入生抽、鸡粉，拌匀。

9 倒入虾仁，拌匀，略煮一会儿，至汤汁沸腾，转小火，保温待用。

10 将面条装入碗中，放入黄豆芽、卤蛋、炒好的肉末，盛入汤料，点缀上香菜叶即可。

小贴士

油面煮好后再用少许芝麻油拌一下，口感会更好。

完美一天从一份面食开始！

烹饪时间	难易度	分量
6 分钟	★★☆	2 人份

鲜笋魔芋面

材料

魔芋面……250 克
茭白……15 克
竹笋……10 克
西蓝花……30 克
清鸡汤……150 毫升

调料

盐……2 克
鸡粉……2 克
生抽……5 毫升

做法

1 锅中注入适量清水烧开，倒入切好的西蓝花。

2 煮至断生后捞出，装盘待用。

3 沸水锅中倒入切好的茭白，略煮一会儿，捞出，装盘待用。

4 锅中倒入切好的竹笋，略煮一会儿，去除苦味，捞出焯煮好的竹笋，装盘待用。

5 锅中注入适量清水烧开，放入魔芋面。

6 煮2分钟至其熟软，捞出煮好的魔芋面，装入碗中。

7 放上焯煮好的西蓝花，待用。

8 另起锅，倒入鸡汤，放入焯过水的竹笋、茭白。

9 加入盐、鸡粉，拌匀，淋入生抽，拌匀，略煮一会儿至食材入味。

10 关火后盛出煮好的汤料，装入面碗中即可。

小贴士

魔芋面煮好后可以过一下冷水，这样能保持其爽弹的口感。

扫一扫学烹饪

完美一天从一份面食开始!

烹饪时间	难易度	分量
5 分钟	★★☆	1 人份

鲍鱼鲜蔬乌冬面

材料

乌冬面……90 克

白玉菇……55 克

草菇……30 克

菠菜……20 克

鲍鱼……170 克

调料

盐……2 克

料酒……7 毫升

做法

1 洗好的菠菜切成长段。

2 洗净的草菇切片。

3 处理好的鲍鱼切取肉，去除脏物。

4 锅中注入适量清水烧开，倒入草菇，淋入料酒，煮约2分钟。

5 捞出草菇，沥干水分，待用。

6 锅中注入适量清水烧热，倒入鲍鱼肉，放入白玉菇、草菇，用大火煮至沸。

7 放入菠菜段，拌匀，煮至软，拣出菠菜，沥干水分，待用。

8 锅中倒入乌冬面，拌匀，加入盐，拌匀，煮至熟软，关火待用。

9 取一个小碗，放入部分煮好的菠菜段垫底。

10 盛入锅中的材料，放上余下的菠菜段即可。

小贴士

鲍鱼肉可事先加料酒腌渍片刻，以去除腥味。

扫一扫学烹饪

完美一天从一份面食开始！

烹饪时间	难易度	分量
4 分钟	★★☆	2 人份

芝麻酱乌冬面

材料

		调料
乌冬面…200 克	柠檬片…8 克	陈醋…3 毫升
黄瓜…100 克	白芝麻…15 克	椰子油…8 毫升
番茄…60 克	高汤…50 毫升	辣椒粉…少许
方火腿…100 克	香菜…少许	

做法

1 洗净的黄瓜切段，再切片，切丝。

2 备好的火腿切成片，再切成丝。

3 洗净的番茄去蒂，对半切开，切成瓣。

4 备好的柠檬片对半切开，待用。

5 锅中注入适量清水烧开，倒入乌冬面，煮至断生，捞出乌冬面。

6 将乌冬面放入凉开水中浸泡片刻，捞出沥干，待用。

7 取一碗，放入椰子油、白芝麻、陈醋。

8 加入高汤、适量清水、辣椒粉，搅拌匀，待用。

9 另取一碗，放入乌冬面、黄瓜丝、火腿丝、番茄、柠檬片。

10 浇上拌匀的芝麻汁，撒上香菜即可。

小贴士

煮乌冬面时可加入少许盐，面条会更有弹性。

扫一扫学烹饪

烹饪时间	难易度	分量
10分钟	★★★	2人份

麻酱鸡丝凉面

材料

乌冬面…240 克　　熟鸡胸肉…110 克
水发木耳…45 克　　熟白芝麻…适量
黄瓜…100 克　　　蒜末…少许
绿豆芽…40 克　　　葱花…少许
胡萝卜…55 克

调料

腐乳汁…8 克
花生酱…15 克
生抽…5 毫升
陈醋…7 毫升
白糖…少许

做法

1 将洗净的胡萝卜切细丝；洗好的绿豆芽去除头尾；洗净的黄瓜切成细丝；熟鸡胸肉切丝。

2 锅中注入适量清水烧开，倒入胡萝卜丝，拌匀，略煮一会儿，至其断生后捞出，沥干水分。

3 沸水锅中放入绿豆芽，煮至断生后捞出；再放入洗净的木耳，煮约2分钟，捞出。

4 取一个小碗，放入腐乳汁、花生酱、生抽、陈醋、白糖、蒜末、葱花，拌匀成酱汁。

5 锅中注入清水烧开，倒入乌冬面，用大火煮约4分钟，捞出，沥干水分。

6 取一个盘子，放入面条、胡萝卜丝、绿豆芽、鸡肉丝、黄瓜、木耳，浇上酱汁，撒上熟白芝麻即可。

小贴士

锅中放入面条后一定要搅散，以免粘在一起。

烹饪时间	难易度	分量
8 分钟	★★☆	2 人份

豆角拌面

材料

油面……250 克

豆角……50 克

肉末……80 克

红甜椒……20 克

调料

盐……2 克

鸡粉……3 克

生抽……适量

料酒……适量

芝麻油……适量

食用油……适量

做法

1 洗净的红甜椒切丝，再切成粒。

2 把洗好的豆角切成粒。

3 用油起锅，倒入肉末，炒至转色。

4 锅中放入豆角粒，加入适量料酒、生抽、少许鸡粉，炒匀。

5 加入红甜椒粒，炒匀，关火，将炒好的食材盛出装入盘中，备用。

6 锅中注入适量清水烧开，倒入油面。

7 煮约5分钟至油面熟软，关火，将煮好的面条盛出装入碗中。

8 加入适量盐、生抽、鸡粉、芝麻油。

9 放上炒好的部分肉末，拌匀。

10 放上剩余的肉末即可。

小贴士

锅中放入面条后一定要搅散，以免粘在一起。

扫一扫学烹饪

完美一天从一份面食开始！

烹饪时间
5 分钟

难易度
★ ★ ☆

分量
1 人份

泡菜肉末拌面

材料

泡萝卜…40 克

酸菜…20 克

肉末…25 克

面条…100 克

葱花…少许

调料

盐…2 克

鸡粉…2 克

陈醋…7 毫升

生抽…2 毫升

老抽…2 毫升

辣椒酱…适量

水淀粉…适量

食用油…适量

做法

1 泡萝卜切薄片，再切丝；酸菜切成粗丝。

2 锅中注入适量清水烧开，倒入泡萝卜、酸菜，拌匀，煮约1分钟。

3 捞出焯煮好的食材，沥干水分，待用。

4 锅中注入适量清水烧开，倒入少许食用油。

5 放入面条，拌匀，煮约2分钟至面条熟软，捞出面条，沥干水分，装碗待用。

6 用油起锅，倒入肉末，炒至肉末变色。

7 淋入生抽，炒匀，倒入焯过水的食材，炒匀。

8 放入辣椒酱，注入少许清水，炒匀。加入盐、鸡粉、陈醋，拌匀调味。

9 煮至熟，用水淀粉勾芡，加入老抽，搅拌均匀。

10 关火后将锅中的食材盛入装有面条的碗中，撒上葱花即可。

小贴士

泡萝卜和酸菜已有酸味，因此可以少放些陈醋。

扫一扫学烹饪

完美一天从一份面食开始！

酱炒黄面

烹饪时间	难易度	分量
6分钟	★☆☆	1人份

材料

熟黄面…120 克　甜面酱…15 克
熟鸡肉…60 克　豆瓣酱…15 克
圆椒…40 克　　葱花…少许

调料

鸡粉…3 克
生抽…5 毫升
食用油…适量

做法

1 洗净的圆椒切去头和尾，去籽，切成细条。

2 熟鸡肉切成条，待用。

3 热锅注油烧热，倒入豆瓣酱、熟鸡肉条、圆椒条、甜面酱，炒拌。

4 注入120毫升的清水，拌匀，倒入备好的熟黄面。

5 加入鸡粉、生抽，拌匀，放入葱花，炒匀。

6 关火后将炒好的黄面盛入盘中即可。

小贴士

如果喜欢吃辣，可以加入适量的辣椒粉。

完美一天从一份面食开始！

烹饪时间	难易度	分量
10 分钟	★★★	2 人份

芹菜猪肉水饺

材料

芹菜……100 克

肉末……90 克

饺子皮……95 克

姜末……少许

葱花……少许

调料

盐……3 克

五香粉……3 克

鸡粉……3 克

生抽……5 毫升

食用油……适量

做法

1 洗净的芹菜切碎。

2 往芹菜碎中撒上少许的盐，拌匀，腌渍入味。

3 将腌渍好的芹菜碎倒入漏勺中，压制掉多余的水分。

4 将芹菜碎、姜末、葱花倒入肉末中。

5 加入五香粉、生抽、盐、鸡粉、适量食用油，拌匀入味，制成馅料，待用。

6 备好一碗清水，用手指蘸上少许清水，往饺子皮边缘涂抹一圈。

7 往饺子皮中放上少许的馅料，将饺子皮对折，两边捏紧。

8 其他的饺子皮采用相同的做法制成饺子生坯，放入盘中待用。

9 锅中注入清水烧开，倒入饺子拌匀，再次煮开。

10 加盖，大火煮3分钟，至其上浮，揭盖，捞出煮好的饺子，盛入盘中即可。

小贴士

喜欢偏辣口味者，可以在肉末中放入适量的剁椒。

扫一扫学烹饪

烹饪时间	难易度	分量
10 分钟	★★★	2 人份

完美一天从一份面食开始！

生煎白菜饺

材料

大白菜…60 克 　白芝麻…2 克
胡萝卜…110 克 　姜块…8 克
香菇…70 克 　香菜…少许
饺子皮…95 克

调料

盐…3 克
蘑菇精…3 克
蚝油…6 毫升
橄榄油…适量

做法

1 洗净的白菜切成条，再切成碎，装入碗中，撒入盐，腌渍至入味，沥干水分。

2 洗净的胡萝卜切成粒；洗净的香菇切粒；去皮的姜块切末。

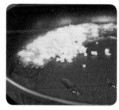

3 热锅注入适量橄榄油，放入姜末，爆香，再放入胡萝卜粒、香菇粒，炒匀。

4 放入盐、蘑菇精、蚝油炒匀，盛入碗中，放入白菜碎，拌匀成馅料。

5 将馅料放在饺子皮中，包成饺子。

6 热锅注油烧热，放入饺子，注入清水，煎煮6分钟，转小火，撒入白芝麻，焖煮2分钟，盛出，放入香菜即可。

小贴士

一定要用平底锅来煎饺子，这样不会粘锅，煎时油可略微多放些。

完美一天从一份面食开始！

烹饪时间
10 分钟

难易度
★★★

分量
2 人份

生煎韭菜猪肉饺

材料

饺子皮……95 克
韭菜末……300 克
五花肉碎……200 克
香菇末……50 克
熟黑芝麻……适量
葱丝……适量
姜末……适量

调料

白糖……8 克
味精……4 克
盐……4 克
鸡粉……3 克
生粉……适量
猪油……适量
食用油……适量

做法

1 将五花肉碎、姜末、白糖、盐、味精放入碗中，拌匀。

2 把猪油放入碗中，用手反复抓揉，倒入香菇末，拌匀。

3 放入鸡粉，拌匀，把生粉分三次倒入，并搅拌匀，倒入食用油，拌匀。

4 倒入韭菜末，反复搅拌，使材料混合均匀。

5 把拌好的韭菜猪肉馅装入碗中即可。

6 在饺子皮上放入适量的馅。

7 将饺子皮对折呈波浪形，捏紧，即成饺子生坯。

8 煎锅中倒入适量食用油烧热。

9 放入韭菜猪肉饺生坯，注入清水，煎煮6分钟，转小火，撒入熟黑芝麻，焖煮2分钟。

10 将饺子盛出，放入葱丝即可。

小贴士

饺子馅不能放太满，否则容易破裂。

烹饪时间
8 分钟

难易度
★ ★ ★

分量
1 人份

三鲜馄饨

材料

猪肉碎……80 克
虾仁……30 克
韭菜……15 克
馄饨皮……60 克
辣椒酱……10 克
胡萝卜……50 克
香菜……20 克
葱……适量

调料

盐……3 克
鸡粉……2 克
胡椒粉……3 克
生抽……3 毫升
料酒……3 毫升
芝麻油……少量

做法

1 将洗好的葱细细切碎。

2 洗净的胡萝卜切成片，再切丝。

3 处理好的虾仁剁碎，待用。

4 猪肉碎装入碗中，放入虾仁、葱花。

5 放入韭菜、盐、鸡粉、胡椒粉，淋入1毫升生抽、料酒，注入清水搅拌均匀。

6 馄饨皮四周抹上水，放入肉馅，包好，制成生坯。

7 锅中注入清水烧开，放入馄饨，搅拌匀，煮至馄饨浮在水面。

8 在碗中加入2毫升生抽、芝麻油、辣椒酱，搅拌均匀，制成蘸料。

9 往锅中放入胡萝卜丝，搅拌匀煮至熟。

10 将煮好的馄饨盛出装入碗中，撒上香菜，摆上蘸料即可。

小贴士

馄饨皮煮至半透明，就可以关火出锅啦。

扫一扫学烹饪

完美一天从一份面食开始！

炸虾蔬菜卷饼

烹饪时间	难易度	分量
10分钟	★★★	3人份

材料

河虾…100克
鸡蛋…1个
玉米面…60克
生菜…200克

面粉…310克
姜末…少许

调料

胡椒粉…适量
黑胡椒碎…适量
盐…适量

做法

1 河虾汆烫至变色捞出，放入盆里，加入姜末、盐、胡椒粉和黑胡椒碎拌匀，腌渍入味。

2 放入玉米面、150克面粉、鸡蛋拌成虾球面糊，用勺子挖一勺放入油锅炸至酥脆。

3 将炸好的虾球捞出，沥干油分，待用。

4 另取160克面粉，加入水，和成较软的面团，擀成薄皮，放入平底锅中烙熟。

5 烙好的饼中铺上洗净的生菜，摆上炸好的虾球。

6 将饼卷好，用油纸包好即可。

小贴士

面糊的黏稠度非常重要，过稀会造成面浆不易成形，过稠的话煎出的饼会过硬，所以制作面浆的时候要非常注意比例。

完美一天从一份面食开始！

烹饪时间	难易度	分量
10 分钟	★ ★ ★	1 人份

韭菜鸡蛋灌饼

材料

韭菜……85 克

面团……200 克

鸡蛋液……70 克

面粉……少许

调料

盐……4 克

鸡粉……2 克

五香粉……2 克

食用油……适量

做法

1 将洗净的韭菜切成碎。

2 将韭菜碎倒入蛋液中，加入2克盐，放入鸡粉，搅拌均匀成韭菜蛋液。

3 用擀面杖将面团擀成厚度均匀的薄面皮。

4 面皮上淋入少许食用油，撒上2克盐和五香粉。

5 均匀撒上少许面粉，防止面皮粘黏，再将调料涂抹均匀，卷起面皮成长条状。

6 卷成团，压平面团，再次用擀面杖擀成厚度均匀的薄面皮。

7 用油起锅，放入面皮，用中小火煎约2分钟，翻面，用小火续煎约1分钟。

8 待面皮上层开始鼓起时，用叉子在面皮表面划开一道口子，灌入适量韭菜蛋液。

9 将口子压平，翻面，在面皮上层划开一道口子，灌入韭菜蛋液，压平。

10 稍煎片刻，翻面，淋入少许食用油，续煎30秒，盛出，稍稍放凉后切成4块，装盘即可。

小贴士

如果灌韭菜蛋液的技巧还不能很好地把握，可以在面皮上多划开一道小口子，分次少量地灌进蛋液。

完美一天从一份面食开始！

烹饪时间
5分钟

难易度
★★★

分量
1人份

健康豆腐煎饼

材料

五花肉…50 克　　面粉…30 克
嫩豆腐…170 克　鸡蛋…40 克
蛤蜊…100 克　　朝天椒…5 克
胡萝卜…50 克　　葱白…10 克
白芝麻…8 克

调料

陈醋…3 毫升
椰子油…5 毫升
辣椒酱…适量
盐…适量
白胡椒粉…适量
辣椒粉…适量

做法

1 处理好的五花肉切片，再切丁。

2 备好的嫩豆腐用刀压碎。

3 洗净去皮的胡萝卜切片，切条，再切丁。

4 洗净的蛤蜊切开，将肉取出，去除内脏。

5 备好的葱白切条，切丁，待用。

6 取一个大碗，倒入嫩豆腐碎、蛤蜊肉、五花肉丁，加入胡萝卜丁、葱白丁，倒入一半白芝麻。

7 打入鸡蛋，加入面粉、辣椒酱、盐、白胡椒粉，搅拌匀，待用。

8 热锅倒入适量椰子油烧热，倒入拌匀的食材，铺成饼状，煎至两面呈金黄色。

9 将煎好的饼盛出，装入盘中，放置片刻，再切成长方形，整齐铺入盘中。

10 取小碗，放入椰子油、陈醋、剩余白芝麻、朝天椒、辣椒粉，拌匀成酱汁，摆放在煎饼旁边，食用时蘸食即可。

小贴士

煎饼时可多晃动锅，以免粘锅。

烹饪时间	难易度	分量
8 分钟	★ ★ ☆	2 人份

完美一天从一份面食开始！

鸭血粉丝汤

材料

鸭血…50 克　　粉丝…70 克
鸡毛菜…100 克　高汤…适量
鸭胗…30 克

调料

鸡粉…2 克
胡椒粉…适量
料酒…适量
盐…适量
八角…适量

做法

1 锅中注水烧开，放入盐、八角、料酒、鸭胗，盖上锅盖，将鸭胗煮熟，再捞出，切成片。

2 将粉丝用开水泡发烫软。

3 切成块的鸭血放入开水中氽烫片刻，捞出待用。

4 锅中倒入高汤煮开，加盐拌匀，放入粉丝，搅拌煮熟。

5 将处理好的鸡毛菜放入锅中，加入鸡粉、胡椒粉，拌匀。

6 将锅中煮熟的食材盛出摆入碗中，再摆入鸭血、鸭胗，浇上汤即可。

小贴士

鸭肝、鸭肠、鸭胗、鸭心可买现成的熟食，也可以自己卤制。辣椒油可根据自己的喜好添加。

完美一天从一份面食开始!

酒酿汤圆

 烹饪时间
7分钟

 难易度
★★☆

分量
2人份

材料

酒酿……30克
汤圆……60克
枸杞……适量

调料

白糖……适量

做法

1 锅中注入适量清水烧开,倒入备好的酒酿。

2 将汤圆倒入烧开的酒酿中,再次煮沸。

3 等汤圆煮至差不多浮起。

4 倒入洗净的枸杞。

5 放入白糖,搅拌至完全溶化。

6 将汤圆盛出,装入碗中即可。

 小贴士

煮汤圆的时候火不要太大,火太大汤圆的表面会变得不光滑,影响美观。

第三章

西式早餐，
小资范儿十足

将火腿、培根等食材夹入吐司中，
将冷冻的熟意大利面炒一炒，
或是用平底锅煎一份松饼……
其实只要早起 10 分钟，
就能轻松搞定小资范的西式早餐，
让你天天早餐不重复！

洋气早餐，一天一款不重样！

胡椒草菇薄饼

烹饪时间	难易度	分量
8分钟	★★☆	1人份

材料

全蛋…30克　　草菇（切片）…35克
牛奶…20毫升　樱桃番茄…50克
低筋面粉…35克　生菜叶…少许

调料

盐…3克
食用油…6毫升
胡椒碎…2克
无盐黄油…8克

做法

1 平底锅中倒入食用油加热，放入草菇片，用中小火煎至两面呈金黄色。

2 撒上1克盐，翻炒至入味，盛出待用，制成内馅。

3 依次将全蛋、牛奶、2克盐、60毫升清水、一半胡椒碎倒入大玻璃碗中，拌匀。

4 将低筋面粉过筛至碗中，快速搅拌至无干粉，倒入隔水熔化的无盐黄油，拌匀，制成薄饼面糊。

5 平底锅擦上少许无盐黄油加热，倒入薄饼面糊使之呈圆片状，用中小火煎至上色，制成薄饼。

6 放上草菇片、部分樱桃番茄，将薄饼折成三角包住食材，盛出装盘，撒上剩余胡椒碎，再放上生菜叶、剩余樱桃番茄作装饰即可。

小贴士

无盐黄油在使用前需要先放置在室温下软化。

烹饪时间	难易度	分量
10 分钟	★★☆	1 人份

洋气早餐，一天一款不重样！

缤纷水果酸奶薄饼

材料

全蛋…45 克
老酸奶…35 克
低筋面粉…55 克
牛奶…15 毫升

芒果丁…30 克
草莓丁…30 克
草莓（对半切）…2 个

调料

细砂糖…10 克
无盐黄油…8 克

做法

1 依次将全蛋、牛奶、细砂糖、20克老酸奶、50毫升清水倒入大玻璃碗中，搅拌均匀。

2 将低筋面粉过筛至碗中，搅拌至无干粉，即成薄饼面糊。

3 平底锅擦上无盐黄油加热，倒入薄饼面糊使之呈圆片状，用中小火煎至上色，制成薄饼。

4 将芒果丁、草莓丁装入小玻璃碗中，倒入10克老酸奶，拌匀，制成水果馅。

5 将水果馅倒在薄饼上，再将薄饼折成三角形包住水果馅，续煎一小会儿。

6 盛出后装在盘中，在饼上切十字刀后往外翻起，淋上5克老酸奶，最后放上对半切的草莓做装饰即可。

小贴士

煎饼的时候火不要太大，以免煎焦了。

洋气早餐，一天一款不重样！

花生松饼

🕐 烹饪时间 10 分钟	🥄 难易度 ★★☆	🍴 分量 2 人份

材料

高筋面粉……100 克
全蛋（1 个）……55 克
花生糊……65 克
泡打粉……2 克

调料

细砂糖……20 克
无盐黄油……12 克
盐……1 克
草莓酱……适量
橄榄油……少许

做法

1 将高筋面粉、盐、细砂糖倒入大玻璃碗中，用手动打蛋器搅匀。

2 倒入泡打粉，继续搅拌均匀。

3 将花生糊、全蛋倒入小玻璃碗中。

4 用手动打蛋器搅拌均匀。

5 将小玻璃碗中的材料倒入大玻璃碗中，用手动打蛋器快速将碗中材料搅拌成糊。

6 往大玻璃碗中倒入隔热水搅拌至熔化的无盐黄油。

7 快速搅拌均匀，制成松饼面糊。

8 平底锅中刷上少许橄榄油，用中火加热，往平底锅中舀入面糊，煎至一面成形。

9 翻一面，继续煎至成形。

10 盛出切块后装入盘中，按照相同方法完成剩余面糊，佐以草莓酱食用即可。

小贴士

加入的无盐黄油要完全熔化，以免起团。

洋气早餐，一天一款不重样！

水果松饼

烹饪时间
10 分钟

难易度
★★☆

分量
1 人份

材料

鸡蛋……2 个

低筋面粉……150 克

无盐黄油……30 克

牛奶……70 毫升

草莓……150 克

菠萝……200 克

调料

白糖……少许

做法

1 草莓洗净，对半切开，部分摆盘。

2 菠萝去皮，洗净，切块，摆盘。

3 鸡蛋打入备好的玻璃碗中。

4 加入适量的牛奶。

5 倒入无盐黄油。

6 筛入低筋面粉。

7 搅拌均匀，拌匀呈糊状。

8 平底锅烧热，倒入面糊，煎至表面起泡，翻面，煎至两面呈焦糖色后盛出，切块。

9 将剩余牛奶倒入碗中，放入其余切好的草莓，拌匀。

10 将处理好的食材放入榨汁机，加入少许白糖，榨取汁即可。

小贴士

用餐巾纸沾点食用油，擦一遍平底锅，再倒面糊，这样不易煎煳。

烹饪时间	难易度	分量
7 分钟	★ ★ ☆	2 人份

洋气早餐，一天一款不重样！

黑椒火腿松卷

材料

低筋面粉……100 克
全蛋……30 克
火腿肠……1 根
牛奶……118 毫升
泡打粉……1 克

调料

食用油……少许
细砂糖……15 克
盐……2 克
黑胡椒碎……2 克

做法

1 依次将牛奶、全蛋、细砂糖、盐倒入大玻璃碗中，用手动打蛋器搅拌均匀。

2 倒入黑胡椒碎，拌匀。

3 将低筋面粉、泡打粉过筛至碗里，搅拌成无干粉的面糊。

4 平底锅刷上少许食用油后加热，倒入适量面糊，用中火煎约1分钟至定型。

5 续煎一会儿至底部上色，放入去除外包装的火腿肠，轻轻提起一端包住火腿肠后卷成卷。

6 不断翻滚，改小火煎约1分钟至底部呈金黄色，制成黑椒火腿松饼，盛出，对半切开即可。

小贴士

也可以往面糊中放入一点五香粉，煎出来的饼味道更香。

洋气早餐，一天一款不重样！

太阳蛋吐司

 烹饪时间
8 分钟

 难易度
★★☆

 分量
1 人份

材料

鸡蛋……1 个
吐司……1 片
火腿……2 片
西柚……130 克
芒果……200 克
香蕉……125 克
牛奶……100 毫升

调料

盐……1 克
白糖……2 克
沙拉酱……适量
番茄酱……适量
食用油……适量

做法

1 吐司切去四边，放入盘中。

2 火腿放入锅中，煎至两面金黄。

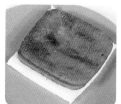

3 将煎好的火腿取出，放到吐司片上。

4 锅中注入食用油烧热，打入鸡蛋。

5 撒上少许盐，煎熟，放到火腿上。

6 挤上番茄酱和沙拉酱。

7 西柚对半切开，切成小瓣。

8 去皮，切块，装入盛有鸡蛋火腿吐司的盘中。

9 芒果切开，切成块，去皮，装盘。

10 香蕉剥取果肉，切小块，放入榨汁机中，加入白糖、牛奶，榨出奶昔，装入杯中即可。

小贴士

芒果还可分公母，公的肉较多，身型较长；母的核大肉少。

烹饪时间	难易度	分量
10 分钟	★ ☆ ☆	2 人份

洋气早餐，一天一款不重样！

香果花生吐司

材料

吐司……2 片
开心果……20 克
杏仁……20 克
无盐黄油……40 克
蓝莓……少许

调料

糖粉……30 克
花生酱……60 克
动物性淡奶油……适量

做法

1 将开心果、杏仁混合在一起，切成碎。

2 将花生酱、无盐黄油倒入大玻璃碗中。

3 碗中倒入糖粉，用软刮翻拌至无干粉。

4 倒入动物性淡奶油，用电动打蛋器将材料搅打至发泡，制成花生果酱。

5 平底锅加热，放入吐司煎至两面呈金黄色，盛出。

6 用抹刀将花生果酱抹在 2 片吐司表面，抹平，放上切好的坚果碎、蓝莓作装饰即可。

小贴士

冰箱里取出的无盐黄油可放入常温下软化后再使用。

烹饪时间	难易度	分量
10 分钟	★ ☆ ☆	2 人份

洋气早餐，一天一款不重样！

牛油果元气吐司

材料

全麦吐司…2 片　　腰果…适量
牛油果…1 个　　黑芝麻…适量
香蕉…1 根　　　樱桃番茄…适量
牛奶…20 毫升　　生菜…2 片

调料

黑胡椒碎…少许

做法

1 牛油果洗净对半切开，切片；香蕉去皮切成小块。

2 备好榨汁机，放入一半牛油果片、香蕉块，注入牛奶，榨汁后盛入杯中。

3 用捣碎器将剩余的牛油果片、香蕉块捣成泥，制成果泥，倒入备好的盘中。

4 全麦吐司对半切成三角形，将吐司放入烤箱中，以上、下火230℃烤5分钟。

5 打开烤箱，取出烤好的吐司，抹上制好的果泥。

6 放在铺好的干净生菜上，撒上黑胡椒碎，放入腰果、黑芝麻，放入切好的樱桃番茄即可。

小贴士

除了腰果，还可用其他坚果，如杏仁、核桃等。

烹饪时间	难易度	分量
10分钟	★☆☆	1人份

洋气早餐，一天一款不重样！

吐司比萨

材料

吐司……1 片
胡萝卜……50 克
青椒……半个
培根……1 片
奶酪……3 片

调料

番茄酱……1 大勺

做法

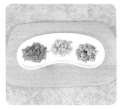

1 将青椒、胡萝卜、培根洗净切成末，奶酪切成小片。

2 在吐司上涂抹上番茄酱。

3 撒上青椒、胡萝卜、培根末。

4 撒上奶酪片。

5 将备好的吐司放入烤箱中层，以上、下火200℃烤约8分钟即可。

6 取出烤好的吐司比萨即可。

小贴士

如果想缩短烤制的时间，可在准备食材前，将烤箱预热。

烹饪时间　难易度　分量
6分钟　　★☆☆　　1人份

南瓜泥吐司

材料

南瓜泥……100 克

吐司……2 片

奶酪丝……20 克

奶油……1 小匙

做法

1 将南瓜泥与奶酪丝拌匀成馅料。

2 分别将2片吐司的一面先抹上奶油。

3 把拌好的南瓜馅料放入一片吐司上（抹奶油朝上的一面）。

4 盖上另一片吐司（抹奶油的面朝下）。

5 将吐司放入预热好的烤箱中，以200℃烤约3分钟。

6 取出烤好的吐司，再对半切开即可。

小贴士

为了节省时间，可于前一晚做晚餐时，将南瓜煮熟。

脆皮先生

烹饪时间	难易度	分量
10分钟	★☆☆	2人份

材料

白吐司…100 克　　洋葱…30 克
无盐黄油…10 克　　口蘑…60 克
面粉…10 克　　　　火腿片…20 克
牛奶…100 毫升　　奶酪丝…25 克

调料

黑胡椒碎…适量
盐…适量
黄油…10 克

做法

1 热锅，放入无盐黄油熔化，倒入面粉，用打蛋器打到起泡。

2 倒入牛奶煮1分钟至沸腾，煮至浓稠。

3 关火，倒入10克奶酪丝，撒入盐拌匀，制成白酱。

4 口蘑切片，洋葱切丝；热锅，将口蘑片、洋葱丝炒匀，放入5克黄油、黑胡椒碎、盐炒匀，盛出。

5 白吐司切去四周，放入烤盘，涂上白酱，放入火腿片、15克奶酪丝。

6 放上炒好的蔬菜，盖上吐司，刷上5克黄油，入烤箱以160~180℃的温度烤5分钟。取出，对半切开。

小贴士

放奶酪时要关火，避免油水分离。

烹饪时间	难易度	分量
7 分钟	★ ☆ ☆	2 人份

洋气早餐，一天一款不重样！

火腿三明治

材料

火腿肠……1 根
酸黄瓜……40 克
吐司……2 片
樱桃番茄……30 克
生菜叶……20 克

调料

沙拉酱……适量
食用油……适量

做法

1 将火腿肠切成长片；将樱桃番茄洗净去蒂，切成片；将酸黄瓜切成片。

2 平底锅中倒入食用油烧热，将火腿肠片铺在锅底，煎至上色，盛出火腿肠，沥干油分，待用。

3 另起干净的平底锅加热，放入吐司，煎至两面呈金黄色。

4 取出煎好的吐司，在表面挤上沙拉酱，放上洗净的生菜叶，在一块吐司上放酸黄瓜片，挤上沙拉酱。

5 放上煎好的火腿肠，来回挤上沙拉酱，放上樱桃番茄片，来回挤上沙拉酱。

6 盖上另一片铺有生菜叶的吐司，轻轻压紧，修去四边，再沿对角线切成4块，装盘即可。

小贴士

可往三明治上抹上适量的奶油，这样味道会更加好。

烹饪时间　7 分钟

难易度　★☆☆

分量　2 人份

洋气早餐，一天一款不重样！

热力三明治

材料

熏火腿……40 克
生菜……20 克
无盐黄油……20 克
吐司……2 片
奶酪……2 片

做法

1 熏火腿切成片，待用。

2 洗净的生菜切段，待用。

3 将吐司四周修整齐，待用。

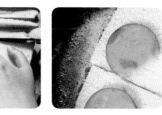

4 热锅放入无盐黄油熔化，放入两片吐司，略微煎香，在两片吐司上放上适量熏火腿片。

5 放入两片奶酪，再放入熏火腿片、生菜叶。

6 将两片三明治往中间一夹，煎至表面金黄色，盛出，对角切开即可。

小贴士

吐司可以在处理食材前就放入烤箱烤 5 分钟，再夹上煎好的食材。

洋气早餐，一天一款不重样！

鸡肉三明治

 烹饪时间
8 分钟

 难易度
★☆☆

分量
1 人份

材料

吐司…1 片　　葱…少许
鸡胸肉…200 克　奶酪…少许
生菜…50 克　　柠檬汁…适量

调料

盐…2 克
生抽…少许
鸡粉…适量
黑胡椒碎…少许
橄榄油…10 毫升

做法

1 将吐司去四边，待用。

2 鸡胸肉切成块，加盐、鸡粉、黑胡椒碎、生抽、柠檬汁与3毫升橄榄油腌渍片刻。

3 吐司放入烤箱，烤至呈金黄色，取出。

4 锅中注入7毫升橄榄油烧热，放入鸡胸肉，用小火煎至两面金黄，盛出。

5 将吐司放到盘中垫底，将洗好的生菜放到上面。

6 将煎好的鸡胸肉整齐摆放到上面，放上葱与奶酪装饰即可。

小贴士

腌渍好的鸡胸肉可放入烤箱，与处理好的吐司片一同烤制。

烹饪时间	难易度	分量
6 分钟	★★☆	2 人份

洋气早餐，一天一款不重样！

咖喱鸡肉三明治

材料

吐司……2 片
鸡胸肉……100 克
黄彩椒……1 个
香菜叶……少许

调料

青酱……少许
盐……少许
咖喱粉……适量
食用油……适量

做法

1 将鸡胸肉两面撒上咖喱粉、盐，腌渍片刻。

2 煎锅注油烧热，放入鸡肉，将其煎熟，盛出待用。

3 洗净的黄彩椒在火上烤至表皮黑色，将烤黑的彩椒放入冰水中浸泡。

4 将烤黑的表皮洗去，切开去籽，再切成条。

5 煎锅注油烧热，放上吐司片，烤上花纹。

6 取一片吐司涂上少许青酱，铺上鸡肉、彩椒条、香菜叶，再叠上另一吐司，对角切开即可。

小贴士

烤甜椒是为了更好地去除甜椒的外皮，使甜椒的整个甜味与香味浓缩，食用时更加可口。

烹饪时间	难易度	分量
5分钟	★☆☆	2人份

洋气早餐，一天一款不重样！

黄瓜鸡蛋三明治

材料

杂粮吐司……2片
蛋白……100克
黄瓜……50克
香菜……少许

调料

沙拉酱……适量
橄榄油……10毫升

做法

1 杂粮吐司切去四边，黄瓜洗净切成薄片待用。

2 在烧热的锅中注入橄榄油，将蛋白倒入锅中，快速翻炒成小块状盛出。

3 将一片杂粮吐司平铺，挤上沙拉酱，再平放上蛋白。

4 在蛋白上挤上沙拉酱，将黄瓜片放到蛋白上。

5 挤上沙拉酱，将另一片杂粮吐司放到最上面。

6 将三明治放到案板上，用刀将三明治对角切开，盛入盘中，点缀上香菜即可。

小贴士

煎蛋白时，不宜用大火，以免蛋白烧焦，影响口感。

烹饪时间	难易度	分量
6分钟	★☆☆	2人份

洋气早餐，一天一款不重样！

蔬菜三明治

材料

吐司……2 片
樱桃萝卜……100 克
午餐肉……60 克
奶酪……2 片
生菜……适量

调料

蛋黄酱……20 克

做法

1 樱桃萝卜洗净，切成片；生菜洗净。

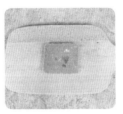

2 午餐肉切片，吐司切去四边。

3 将吐司放入预热至180℃的烤箱中烤约2分钟后取出，在吐司一面抹上蛋黄酱。

4 把吐司没有涂酱的一面朝下放，放上樱桃萝卜片、适量生菜。

5 放上生菜、午餐肉片、奶酪片，盖上另一片吐司。

6 将三明治从中间一分为二切开即可。

小贴士

如果想选甜而脆的樱桃萝卜就选根须少的。

烹饪时间 8分钟　难易度 ★☆☆　分量 2人份

海鲜肠汉堡包

材料

奶酪……2 片
生菜……50 克
无盐黄油……20 克
汉堡面包……40 克
海鲜肠……20 克

做法

1 备好的海鲜肠对半切开，待用。

2 洗净的生菜切小块，待用。

3 热锅，放入无盐黄油，煎至熔化，放入汉堡面包，稍微煎至吸入黄油，盛出待用。

4 放入海鲜肠稍微煎热，取出。

5 在汉堡面包底部放入海鲜肠，再放入奶酪片。

6 放上生菜，盖上汉堡面包即可。

小贴士

由于黄油的沸点比较低，所以用中火煎制就可以了。

烹饪时间
8 分钟

难易度
★ ★ ☆

分量
1 人份

番茄意大利面

材料

樱桃番茄……50 克
熟意大利面……100 克
薄荷叶……适量
奶酪……少许

调料

盐……2 克
橄榄油……10 毫升

做法

1 将樱桃番茄洗净，对半切开待用。

2 奶酪切成薄片，部分薄荷叶切碎，待用。

3 将熟意大利面放入沸水锅中，焯片刻。

4 捞出意大利面，放入凉开水中浸泡片刻，捞出。

5 在烧热的锅中倒入橄榄油。

6 放入樱桃番茄，炒匀。

7 加入适量盐翻炒片刻。

8 放入少量奶酪片。

9 将意大利面、薄荷叶碎放入锅中翻炒，盛出。

10 放上薄荷叶与奶酪片装饰即可。

小贴士

可以一次煮多一些意大利面，沥干水分后放入冰箱分几次食用。

烹饪时间	难易度	分量
10 分钟	★★☆	1 人份

洋气早餐，一天一款不重样！

香煎三文鱼意面

材料

三文鱼…120 克 西蓝花…适量
熟意面…200 克 胡萝卜…适量
无盐黄油…15 克 柠檬汁…适量
牛奶…80 毫升

调料

盐…4 克
黑胡椒…2 克
香油…4 毫升
白葡萄酒…适量
橄榄油…适量

做法

1 将三文鱼洗净切成块。

2 三文鱼块加1克盐、1克黑胡椒、白葡萄酒、柠檬汁腌渍。

3 锅中倒入橄榄油烧热，放入三文鱼块，中小火煎2分钟，翻面，再煎2分钟即可装盘。

4 将熟意面放入沸水锅中煮片刻，捞出，加入牛奶、无盐黄油、1克黑胡椒、2克盐拌匀装盘。

5 西蓝花洗净切小朵，胡萝卜洗净切片。

6 沸水锅中加1克盐，放入西蓝花、胡萝卜片焯水，捞出后加盐、香油拌匀，摆入盘中即可。

小贴士

三文鱼不需烹调得特别熟烂，烧至七八分熟即可，这样味道更鲜美。

洋气早餐，一天一款不重样！

牛肉番茄酱意面

烹饪时间 9分钟	难易度 ★★☆	分量 1人份

材料

熟意面…100克
大蒜…30克
洋葱…50克
牛肉…200克
奶酪末…适量

红酒…适量
鲜罗勒叶…适量
罗勒叶碎…适量
百里香碎…少许

调料

盐…3克
胡椒粉…5克
橄榄油…15毫升
番茄酱…80克

做法

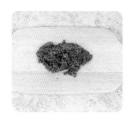

1 将洋葱洗净切碎，牛肉洗净切成末，大蒜洗净切碎。

2 锅中倒入橄榄油，烧热，放入洋葱碎和大蒜碎，炒出香味。

3 加入牛肉末拌炒均匀，倒入番茄酱、红酒，放入盐、百里香碎和胡椒粉炒匀。

4 将意大利面放入沸水中煮片刻，取出。

5 往面条上放上炒好的牛肉番茄酱。

6 撒上奶酪末和罗勒叶碎，最后用鲜罗勒叶点缀即可食用。

小贴士

可以提前一天做好牛肉番茄酱，放入冰箱，食用时取出即可。

洋气早餐，一天一款不重样！

芦笋火腿意大利面

烹饪时间	难易度	分量
5 分钟	★ ★ ☆	1 人份

材料

方火腿……80 克
芦笋……50 克
熟意大利面……160 克
薄荷叶……15 克
蒜瓣……8 克

调料

椰子油……10 毫升
盐……2 克
黑胡椒……3 克

做法

1 备好的方火腿切成薄片。

2 洗净的芦笋去皮，对半切成两段，再斜刀切成小段。

3 处理好的蒜瓣切成片，待用。

4 将洗净的薄荷叶撕散，待用。

5 锅中注入适量清水大火烧开，倒入熟意大利面，大火煮片刻。

6 转小火，将面汤盛出2大勺，装入碗中待用。

7 将芦笋段倒入意大利面中，续煮1分钟，捞出食材，沥干水分，待用。

8 热锅倒入椰子油烧热，放入蒜片，爆香，放入火腿片，炒匀，倒入煮好的食材。

9 倒入备好的面汤，煮至沸腾。

10 加入盐、黑胡椒、薄荷叶拌匀，盛盘即可。

小贴士

煮好的意大利面可再过一道凉开水，口感会更好。

扫一扫学烹饪

烹饪时间 8 分钟	难易度 ★★☆	分量 1 人份

洋气早餐，一天一款不重样！

意式鸡肉炒面

材料

鸡胸肉…200 克　　红彩椒…50 克
熟意面…100 克　　黄彩椒…50 克
青豆…30 克　　　　水芹叶…少许

调料

盐…3 克
黑胡椒粒…4 克
橄榄油…20 毫升

做法

1 鸡胸肉洗净切块。

2 青豆洗净；红彩椒、黄彩椒分别洗净，切成条。

3 在烧热的锅中注入清水，放入熟意面，煮片刻，捞出，用凉开水浸泡。

4 在烧热的锅中倒入橄榄油，将鸡肉块煎至金黄色。

5 放入青豆、红彩椒条、黄彩椒条，加盐翻炒片刻，放入意大利面，翻炒均匀。

6 加入黑胡椒粒，炒匀后盛出，放上水芹叶装饰即可。

小贴士

意大利面较难煮熟，应提前烹煮，放入冰箱，使用时取出即可。

番茄酱洋葱汤团

烹饪时间 10 分钟	难易度 ★★☆	分量 2 人份

材料

糯米粉……300 克
洋葱……80 克
罗勒叶……适量

调料

盐……5 克
番茄酱……适量
橄榄油……10 毫升

做法

1 将洗净的洋葱切圈；罗勒叶洗净切末，待用。

2 将糯米粉倒在案板上，加入适量热开水，搅拌揉搓成面团。

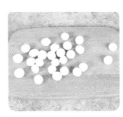

3 将面团分为数个小汤团，待用。

4 将小汤团下入沸水锅中，煮至小汤团浮起，捞出待用。

5 在烧热的锅中注入橄榄油，放入洋葱圈与罗勒叶末，爆香。

6 加入番茄酱、煮熟的小汤团，加入盐炒匀，放上罗勒叶装饰即可。

小贴士

汤团可以提前制作，煮熟凉凉后放入冰箱冷冻，烹饪时取出即可。

第四章

美味鸡蛋，
做出营养早餐

在我们的早餐中，
鸡蛋占据了很重要的位置。
不管是煮鸡蛋、卤鸡蛋还是荷包蛋，
都有一番特别的滋味。
本章教大家用鸡蛋做出美味的早餐，
营养美味又健康，全家都爱吃！

每天一颗蛋，营养满分！

水波蛋早餐薄饼

材料

鸡蛋…2 个　　蛋黄…20 克
牛奶…40 毫升　罗勒叶…适量
低筋面粉…35 克　无盐黄油…80 克
朗姆酒…20 毫升

调料

白醋…少许
黄芥末酱…10 克
柠檬汁…3 毫升
盐…1 克

做法

1 将1个鸡蛋、牛奶、盐、100毫升清水倒入大玻璃碗中，用手动打蛋器搅散。

2 将低筋面粉过筛至碗里，继续搅拌均匀，倒入朗姆酒，搅拌均匀。

3 将隔水熔化的15克无盐黄油倒入碗中，拌匀，即成薄饼面糊，静置约1分钟。

4 平底锅擦上无盐黄油加热，倒入薄饼面糊煎至上色，折成三角形成薄饼，盛出。

5 另起平底锅，倒入适量清水、白醋，煮至微微沸腾，打入1个鸡蛋，改中小火煮约3分钟，取出，放在薄饼上。

6 将蛋黄、黄芥末酱、柠檬汁、熔化的60克无盐黄油拌匀成荷兰酱，淋在水煮蛋上，放上罗勒叶做装饰即可。

小贴士

煎锅中的油温以三四成热为宜，过高的油温会将面糊的表面煎煳。

每天一颗蛋，营养满分！

西班牙烘蛋派

烹饪时间	难易度	分量
10 分钟	★ ☆ ☆	3 人份

材料

鸡蛋…6 个　　　黄甜椒…30 克
洋葱…30 克　　　奶酪…50 克
樱桃番茄…4 个　西蓝花…30 克
火腿…2 片　　　黑橄榄…4 颗
红甜椒…30 克　　土豆…30 克

调料

盐…适量
白胡椒粉…适量
综合香料粉…适量
黄油…适量

做法

1　洋葱、樱桃番茄、火腿、红甜椒、黄甜椒及黑橄榄洗净切片；西蓝花、土豆洗净切丁。

2　将鸡蛋、盐、白胡椒粉打散成蛋液；奶酪切丁备用。

3　取一个平底锅，放入黄油熔化后，依序加入洋葱、樱桃番茄、火腿。

4　放入红甜椒、黄甜椒、土豆、黑橄榄、西蓝花炒香，再加入综合香料粉炒香。

5　将蛋液加入，在锅内快速搅拌，直至蛋液呈半熟凝固状态。

6　放奶酪丁，盖上锅盖，以小火焖至奶酪熔化即可。

小贴士

如果平底锅和锅把是钢质或铁质的，可以连同锅放入烤箱烘烤。

每天一颗蛋，营养满分！

普罗旺斯风情蛋卷

烹饪时间
5 分钟

难易度
★★☆

分量
2 人份

材料

鸡蛋……3 个（120 克）
番茄……75 克
白洋葱……60 克
九层塔……适量

调料

生抽……3 毫升
盐……2 克
白胡椒粉……2 克
椰子油……3 毫升

做法

1 洗净的番茄去蒂，切条，切丁。

2 处理好的白洋葱对半切开，切条，切丁。

3 备好的九层塔细细切碎，待用。

4 备好一个大碗，打入鸡蛋。

5 放入番茄丁、白洋葱丁、九层塔碎。

6 加入生抽、盐、白胡椒粉，搅拌匀，待用。

7 热锅倒入椰子油烧热，倒入拌匀的食材，铺平，制成饼状，煎至金黄色。

8 将蛋饼用锅铲卷起来，加热至熟透，盛出装入盘中。

9 将鸡蛋卷对半切开，再切成条。

10 将切好的蛋卷装入盘中即可。

小贴士

煎鸡蛋时一定要铺均匀，以免卷的时候破裂。

扫一扫学烹饪

烹饪时间 6分钟

难易度 ★★☆

分量 2人份

每天一颗蛋，营养满分！

厚蛋烧

材料

鸡蛋……5个
白萝卜……50克
紫苏叶……适量
高汤……少许

调料

盐……少许
料酒……少许
酱油……少许
食用油……适量

做法

1 将鸡蛋打入碗中，制成蛋液。

2 蛋液中调入盐，放入少许料酒，再调入适量酱油，加入少许高汤，搅拌均匀。

3 将白萝卜洗净研磨成萝卜泥，装碗，淋上少许酱油备用。

4 锅中倒入食用油，小火加热，将一部分蛋液倒入锅中，让其铺满整个锅底。

5 待凝固到半熟状态后，向后卷，制成蛋卷。

6 待熟透后，取出切块，放入盘中，搭配紫苏叶、萝卜泥即可。

小贴士

煎鸡蛋的时候要注意火候，以免煎老鸡蛋，影响口感。

109

每天一颗蛋，营养满分！

番茄厚蛋烧

烹饪时间
7 分钟

难易度
★★☆

分量
2 人份

材料

番茄……150 克
鸡蛋……2 个

调料

盐……2 克
食用油……适量

做法

1 洗净的番茄切小瓣，去内籽，去皮，切条，改切成丁。

2 取一碗，打入鸡蛋。

3 放入盐，搅散待用。

4 用油起锅，倒入鸡蛋液。

5 放入番茄丁。

6 煎约4分钟至其成形。

7 将成形的鸡蛋饼卷起来。

8 关火后盛出番茄鸡蛋卷，放入盘中。

9 将番茄鸡蛋卷放在砧板上，切成小段。

10 摆放在盘中即可。

小贴士

煎鸡蛋的时候全程小火，否则容易煳。

烹饪时间	难易度	分量
10 分钟	★ ☆ ☆	2 人份

材料

鸡蛋……2 个
吐司……2 片
奶酪丝……适量

调料

奶油……1 小匙

每天一颗蛋，营养满分！

鸡蛋吐司

做法

1 首先将烤箱调至上、下火150℃，预热2分钟；将吐司切去四边。

2 吐司上抹上奶油，撒上奶酪丝。

3 再将切下来的吐司条摆回吐司上围边。

4 将吐司片放入预热好的烤箱中，以上、下火150℃烤约3分钟后取出。

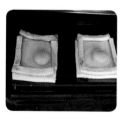

5 将鸡蛋打至烤好的吐司上。

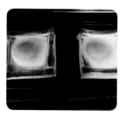

6 放入烤箱中以150℃续烤约5分钟至蛋熟即可。

小贴士

可以在鸡蛋上撒些胡椒粉，用来提味。

烹饪时间	难易度	分量
10分钟	★ ☆ ☆	2人份

每天一颗蛋，营养满分！

茶碗蒸

材料

鸡蛋……2个
香菇……50克
鸡胸肉……50克
高汤……适量

调料

酱油……适量
料酒……适量

做法

1 鸡胸肉洗净，切成薄片，放入茶碗底部。

2 香菇洗净，擦去表面水分，去除菌柄，切成薄片。

3 将鸡蛋打入碗中，加入酱油、料酒，搅拌成蛋液，加入高汤拌匀。

4 将制好的蛋液加入备好的茶碗中，装至离茶碗顶部还有一指宽左右的位置。

5 放上切好的香菇片。

6 将茶碗放入备好的蒸锅中，加盖，大火蒸8分钟至食材熟透即可。

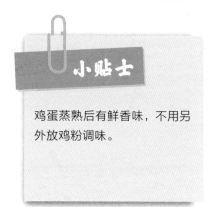

小贴士

鸡蛋蒸熟后有鲜香味，不用另外放鸡粉调味。

每天一颗蛋，营养满分！

魔鬼蛋

烹饪时间	难易度	分量
4分钟	★☆☆	2人份

材料

熟鸡蛋…3 个
莴苣叶…30 克
香葱段…10 克

调料

盐…2 克
黑胡椒粉…少许
白洋醋…少许

橄榄油…适量
沙拉酱…30 克
法式芥末酱…15 克

做法

1 将熟鸡蛋对半切开，分离蛋白和蛋黄。

2 蛋黄装入碗中，蛋白底部切平。

3 往装有蛋黄的碗中加入黑胡椒粉、盐。

4 淋上沙拉酱，加入法式芥末酱，淋入白洋醋、橄榄油，搅匀至入味。

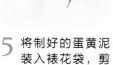

5 将制好的蛋黄泥装入裱花袋，剪去袋尖。

6 将蛋黄泥挤入蛋白中，放入装有莴苣叶的盘中，撒入香葱段和黑胡椒粉即可。

小贴士

这道菜最主要的是调味，因为有芥末酱，吃起来特别醒味。

第五章

米饭华丽变身，
花样多多

有时候米饭蒸多了，
可以将它放入冰箱中冷藏，
第二天将它烹饪一下，
就变成了美味的早餐。
本章将介绍米饭的美味吃法，
让早餐变得花样百出！

能量早餐，让你元气满满一整天！

腊肉豌豆饭

烹饪时间	难易度	分量
4 分钟	★★☆	1 人份

材料

熟米饭……150 克
腊肉……80 克
去皮胡萝卜……50 克
豌豆……30 克
葱花……少许

调料

盐……1 克
鸡粉……1 克
生抽……5 毫升
食用油……适量

做法

1 腊肉切片，再切条，最后改切丁；洗好的胡萝卜切片，再切条，最后改切丁。

2 沸水锅中倒入豌豆，焯煮一会儿至断生，捞出，沥干水分，装盘待用。

3 锅中再倒入腊肉丁，焯煮一会儿至去除多余盐分，捞出。

4 热锅注油，倒入焯好的腊肉丁，炒匀。

5 放入焯好的豌豆，翻炒均匀。

6 加入胡萝卜丁。

7 倒入米饭，压散，炒香约1分钟。

8 加入生抽、盐、鸡粉，翻炒约1分钟至入味。

9 倒入葱花，翻炒均匀。

10 关火后盛出炒饭，装碗即可。

小贴士

喜欢偏辣口味的话，炒饭时可以加些辣椒油或辣椒酱。

扫一扫学烹饪

扫一扫学烹饪

烹饪时间	难易度	分量
6 分钟	★★☆	2 人份

能量早餐，让你元气满满一整天！

菠菜叉烧肉炒饭

材料

熟米饭……220 克
叉烧肉……130 克
菠菜……100 克
葱花……少许

调料

盐……2 克
鸡粉……2 克
食用油……适量

做法

1 择洗好的菠菜切成小段。

2 叉烧肉切成小块，待用。

3 热锅注油烧热，倒入叉烧肉，炒香。

4 倒入备好的葱花、熟米饭，翻炒松散。

5 倒入菠菜段、盐、鸡粉，翻炒调味。

6 关火，盛出炒好的米饭，装入盘中即可。

小贴士

将菠菜先焯一遍水后再进行炒制，能去除菠菜的涩味。

能量早餐，让你元气满满一整天！

蒜蓉鱿鱼炒饭

烹饪时间
4 分钟

难易度
★ ★ ☆

分量
1 人份

材料

熟米饭……140 克
鱿鱼……60 克
洋葱……50 克
蒜蓉辣椒酱……20 克

调料

盐……1 克
鸡粉……1 克
孜然粉……5 克
辣椒粉……5 克
食用油……适量

做法

1 洗好的洋葱切丝。

2 洗净的鱿鱼切条。

3 热锅注油，倒入切好的洋葱。

4 放入切好的鱿鱼，翻炒均匀。

5 加入孜然粉、辣椒粉。

6 放入蒜蓉辣椒酱。

7 倒入熟米饭。

8 压散，炒约1分钟至着色均匀。

9 加入盐、鸡粉，翻炒1分钟至入味。

10 关火后盛出炒饭，装盘即可。

小贴士

鱿鱼不宜久炒，否则口感会变老，解决的办法是：可先将鱿鱼炒至断生后盛出，最后再回锅一次。

扫一扫学烹饪

125

能量早餐，让你元气满满一整天！

烹饪时间
10 分钟

难易度
★ ★ ☆

分量
2 人份

美式海鲜炒饭

材料

熟米饭…200 克　　猪瘦肉…50 克

青椒…30 克　　　鸡腿肉…50 克

红椒…30 克　　　余熟的蛤蜊…50 克

洋葱…40 克　　　虾仁…35 克

番茄…40 克　　　蒜末…少许

调料

盐…2 克

鸡粉…2 克

食用油…适量

做法

1 洗净的青椒切开去籽，切小块；洗好的红椒切开去籽，切小块。

2 洗净的洋葱切块；洗好的番茄切小块。

3 洗净的瘦肉切片；洗好的鸡腿肉切小块。

4 用油起锅，倒入瘦肉片，放入切好的鸡腿肉，炒约1分钟至转色。

5 倒入蒜末，炒香，放入熟米饭，压散，炒匀约1分钟。

6 放入切好的青椒红椒、洋葱、番茄，翻炒均匀。

7 注入适量清水，炒拌均匀，加盖，大火焖5分钟至熟软入味。

8 揭盖，倒入蛤蜊，倒入洗净的虾仁，炒拌约1分钟至熟透。

9 加入盐、鸡粉，炒拌至入味。

10 关火后将炒饭盛入盘子即可。

小贴士

虾仁可事先腌渍一会儿，炒的时候会更入味。

能量早餐，让你元气满满一整天！

咖喱鸡肉炒饭

🕐 烹饪时间 6分钟	🥄 难易度 ★★☆	🍴 分量 1人份

材料

冷米饭…150 克　胡萝卜…30 克
鸡胸肉…100 克　红椒…30 克
玉米粒…50 克　茴香碎…少许
青豆…50 克　香菜叶…适量

调料

咖喱…20 克
盐…2 克
食用油…适量

做法

1 将鸡胸肉洗净切成块；胡萝卜、红椒均洗净切成丁。

2 锅中注入食用油烧热，放入鸡胸肉、玉米粒、青豆、胡萝卜、红椒炒匀，盛出。

3 用油起锅，放入咖喱，炒至其熔化。

4 倒入冷米饭，翻炒约3分钟至松软。

5 倒入炒好的菜肴和茴香碎，拌匀，加入盐，炒匀调味。

6 将炒好的饭盛入碗中，点缀上香菜叶即可。

小贴士

米饭炒制前最好放入冰箱冷藏，取出来后打散，这样炒出来的米饭才会粒粒分明口感好。

能量早餐，让你元气满满一整天！

烹饪时间　难易度　分量
8 分钟　★★★　1 人份

番茄饭卷

材料

冷米饭…400 克　胡萝卜…30 克
番茄…200 克　洋葱…25 克
鸡蛋…40 克　葱花…少许
玉米粒…30 克

调料

白酒…10 毫升
盐…适量
食用油…适量
鸡粉…适量

做法

1 洗净去皮的胡萝卜切成片，切条改切粒。

2 处理好的洋葱切成条，切粒。

3 洗净的番茄切瓣，去皮切丁。

4 锅中注入适量的清水大火烧开，倒入玉米粒，焯煮片刻至断生，捞出，沥干水分待用。

5 取一个碗，倒入葱花，打入鸡蛋，加入少许盐、白酒，搅匀打散待用。

6 热锅注油，倒入洋葱粒、胡萝卜粒、玉米粒、番茄丁，翻炒均匀。

7 加入盐、鸡粉炒匀，倒入冷米饭炒匀，关火，将炒好的米饭盛出装入盘中。

8 煎锅注油烧热，倒入鸡蛋液，煎成蛋饼，关火，盛出装入盘中。

9 在蛋饼上铺上炒好的米饭，卷成卷。

10 将饭卷放在砧板上，切成小段，装入盘中，装饰一下即可食用。

小贴士

炒饭的时候一定要快速翻炒才能更好地炒匀。

扫一扫学烹饪

扫一扫学烹饪

烹饪时间	难易度	分量
3 分钟	★ ☆ ☆	1 人份

能量早餐，让你元气满满一整天！

三色饭团

材料

菠菜……45 克
胡萝卜……35 克
冷米饭……90 克
熟蛋黄……25 克

做法

1 熟蛋黄切碎，碾成末。

2 洗净的胡萝卜切薄片，再切细丝，改切成粒。

3 锅中注入清水烧开，倒入洗净的菠菜，拌匀，煮至变软，捞出菠菜，沥干水分。

4 沸水锅中放入胡萝卜粒，焯煮一会儿，捞出胡萝卜，沥干水分。

5 取一大碗，放入米饭、菠菜、胡萝卜粒、蛋黄末，和匀至其有黏性。

6 将拌好的米饭制成几个大小均匀的饭团，放入盘中，摆好即可。

小贴士

捏饭团的时候可以在手上沾点温水，以免米饭粘连在手上。

能量早餐，让你元气满满一整天！

海苔手抓饭团

烹饪时间　难易度　分量
8 分钟　★ ☆ ☆　3 人份

材料

熟米饭……250 克
海苔……50 克
黄瓜……少许
熟玉米粒……少许

调料

盐……2 克
白糖……3 克
胡椒粉……适量
芝麻油……适量
食用油……适量

做法

1 将海苔切成细丝。

2 将黄瓜洗净，切成丁。

3 锅中注入适量食用油烧热。

4 放入海苔丝、黄瓜丁翻炒一会儿，盛在装有熟米饭的碗中。

5 在碗中加入盐、白糖、胡椒粉、芝麻油，搅拌均匀。

6 将熟米饭放在手中，做成倒三角形，放上熟玉米粒即可。

小贴士

可使用即食海苔来代替青海苔，黄瓜也可以直接食用，无须炒制。

能量早餐，让你元气满满一整天！

烹饪时间
10 分钟

难易度
★★☆

分量
1 人份

西班牙海鲜焗饭

材料

虾仁…50 克
熟米饭…100 克
芝士片…1 片
黄油…10 克
培根…30 克
鱿鱼…20 克

玉米粒…20 克
去皮胡萝卜…40 克
黄瓜…45 克
芹菜粒…10 克
番茄…55 克

调料

盐…适量
黑胡椒碎…适量

做法

1 洗净的番茄切片；胡萝卜洗净切片，改切成丁。

2 洗净的黄瓜切条，改切丁；培根切片；鱿鱼切小块。

3 热锅倒入黄油，加热至熔化，倒入培根片炒香。

4 倒入胡萝卜丁、黄瓜丁、玉米粒、熟米饭炒香。

5 注入清水，加入盐炒匀。

6 将炒好的米饭盛入盘中，放上芝士片。

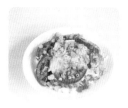

7 摆上虾仁、鱿鱼块、番茄片，撒上芹菜粒、黑胡椒碎。

8 备好电烤箱，打开箱门，将食材摆放在烤盘中。

9 关上箱门，以200℃的温度烤8分钟。

10 待时间到，打开箱门，将食材取出即可。

小贴士

烹饪前将虾仁的虾线去除掉。

扫一扫学烹饪

137

能量早餐，让你元气满满一整天！

烹饪时间	难易度	分量
10 分钟	★★☆	1 人份

时蔬咖喱烩饭

材料

熟米饭…1 碗
肉末…200 克
茄子…140 克
西红柿…100 克
白洋葱…60 克
朝天椒碎…3 克
梅干、蒜末…各适量
九层塔碎…少许

调料

椰子油…10 毫升
姜黄粉…5 克
辣椒粉…2 克
生抽…10 毫升
白糖…5 克
咖喱粉…10 克
白胡椒粉…适量
盐…1 克

做法

1 洗净的茄子切丁。

2 洗净的西红柿切成丁。

3 处理好的白洋葱切去头尾，切丁。

4 锅中倒入椰子油烧热，放入白洋葱、蒜末、朝天椒碎，炒香。

5 倒入肉末、茄子，炒匀。

6 加入盐、白胡椒粉，翻炒匀。

7 再加入咖喱粉、白糖、生抽、梅干，放入辣椒粉，翻炒调味。

8 加入西红柿，注入清水，拌匀。

9 大火煮开后转小火焖6分钟。

10 将煮好的时蔬咖喱盛入盘中。

11 备好一个碗，倒入熟米饭。

12 加入椰子油，放入姜黄粉、盐、白胡椒粉，搅拌均匀，倒入盘中，撒上少许九层塔碎即可。

能量早餐，让你元气满满一整天！

烹饪时间
8 分钟

难易度
★★☆

分量
1 人份

蛋包饭

材料

鸡蛋……5 个
米饭……适量
白洋葱……50 克
鸡胸肉……30 克
香菜碎……少许
牛奶……适量

调料

盐……3 克
食用油……适量
黑胡椒粉……适量
番茄酱……适量

做法

1 鸡胸肉洗净，切小块；白洋葱洗净，切碎。

2 锅中注油烧热，倒入鸡胸肉块、白洋葱碎，翻炒。

3 加入2克盐，炒匀，再加入适量黑胡椒粉，拌匀。

4 把备好的米饭加入锅中，炒至米饭松散。

5 加入适量番茄酱，炒至包裹住所有食材。

6 放入香菜碎，炒匀，盛出备用。

7 将鸡蛋打入碗中，搅成蛋液备用，蛋液中加入牛奶，调入1克盐，搅拌均匀。

8 锅中刷油，倒入蛋液，煎至其定型。

9 将炒好的米饭倒在蛋饼上。

10 由一端慢慢卷起，最后包好炒饭，盛出，放入盘中，挤上番茄酱即可。

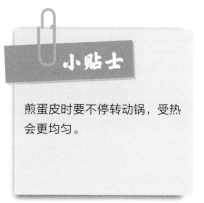

小贴士

煎蛋皮时要不停转动锅，受热会更均匀。

能量早餐，让你元气满满一整天！

煎米饼

烹饪时间 8分钟	难易度 ★★☆	分量 1人份

材料

冷米饭……120 克
豌豆……50 克
杏鲍菇……35 克
胡萝卜……40 克
虾仁……45 克

调料

盐……2 克
白糖……2 克
黑胡椒粉……少许
水淀粉……适量
生粉……适量
食用油……适量

做法

1 洗净的杏鲍菇切成小丁块；洗好的胡萝卜切成小丁块；洗净的虾仁切成小丁块。

2 锅中注水烧开，加入盐、食用油、豌豆焯煮约半分钟，放入杏鲍菇丁、虾仁丁、胡萝卜丁拌匀。

3 煮约1分钟，捞出，沥干水分，放入大碗中，倒入冷米饭。

4 加入白糖、黑胡椒粉、水淀粉、生粉，拌匀。

5 锅置于火上烧热，倒入食用油，转小火，放入拌好的食材，压成饼状，转中火煎约1分钟至散出焦香味。

6 转小火，晃动煎锅，煎至焦黄色，翻转米饼，煎至两面熟透，盛出即可。

小贴士

最好用隔夜饭，这样煎好的饼口感更香脆。

烹饪时间	难易度	分量
6分钟	★★☆	2人份

能量早餐，让你元气满满一整天！

胡萝卜鸡肉饭

材料

熟米饭……350克
腌鸡肉……250克
胡萝卜……100克
红辣椒……20克

调料

盐……5克
鸡粉……8克
橄榄油……20毫升
黑胡椒粉……适量

做法

1 红辣椒洗净切圈，胡萝卜洗净切丝。

2 将腌渍好的鸡肉切块。

3 锅中注入清水，用大火烧开，放入鸡肉块，稍煮一下，捞出，沥干水分，备用。

4 锅中注橄榄油烧热，放入红辣椒圈、胡萝卜丝翻炒片刻。

5 放入熟米饭、鸡肉块，续炒片刻。

6 加盐、鸡粉，炒匀，撒入黑胡椒粉调味即可。

小贴士

鸡肉可以提前一天腌渍好或卤好，味道更佳且更省时。

能量早餐，让你元气满满一整天！

烹饪时间
10 分钟

难易度
★ ☆ ☆

分量
2 人份

鸡蓉香菇蔬菜粥

材料

熟米饭……200 克

鸡脯肉……100 克

胡萝卜……100 克

包菜……80 克

香菇……5 克

调料

盐……2 克

做法

1 洗净去皮的胡萝卜切成厚片，切条切丁。

2 洗净的包菜切碎待用。

3 洗净的香菇切条，切丁。

4 处理好的鸡脯肉剁碎。

5 砂锅中注入清水大火烧开。

6 倒入备好的熟米饭，搅拌匀，盖上锅盖，煮开。

7 掀开锅盖，倒入鸡肉碎、胡萝卜丁、香菇丁、包菜碎。

8 盖上锅盖，续煮8分钟至熟。

9 掀开锅盖，加入少许盐，拌匀。

10 将煮好的粥盛出装入碗中即可。

小贴士

先倒入鸡肉煮制片刻，再加入蔬菜，可令鸡肉快熟。

能量早餐，让你元气满满一整天！

滑蛋牛肉粥

烹饪时间 8 分钟	难易度 ★☆☆	分量 1 人份

材料

熟米饭……100 克
牛里脊肉……50 克
鸡蛋……1 个

调料

胡椒粉……适量
盐……适量
水淀粉……适量
嫩肉粉……适量
生抽……适量

做法

1 锅中注入适量清水，放入熟米饭，盖上锅盖，大火煮开。

2 在前一晚将牛里脊洗净切片，装入碗中，加入生抽、胡椒粉、盐、水淀粉、嫩肉粉腌渍，放入冰箱，备用。

3 鸡蛋打散成蛋液，待用。

4 揭开锅盖，往粥里倒入腌渍好的牛肉，略微搅拌至转色。

5 缓缓地倒入拌好的蛋液。

6 顺时针慢慢搅开，煮至蛋液凝固，盛出即可。

小贴士

牛肉最好不要切得太厚，薄片肉不仅能更好入味，煮后也会更加鲜嫩。

能量早餐，让你元气满满一整天！

烹饪时间	难易度	分量
10 分钟	★ ☆ ☆	3 人份

香菇螺片粥

材料

上海青……180 克
熟米饭……250 克
香菇……20 克
水发螺片……80 克

调料

盐……2 克
鸡粉……2 克

做法

1 洗好的上海青切碎，待用。

2 洗净的螺片用斜刀切成片。

3 洗好的香菇去蒂，切成条。

4 砂锅中注入适量清水，用大火烧热。

5 倒入熟米饭、螺片、香菇条。

6 盖上锅盖，转中火煮5分钟。

7 揭开锅盖，倒入上海青碎。

8 盖上锅盖，续煮3分钟。

9 加入少许盐、鸡粉，搅匀。

10 关火后将煮好的粥盛入碗中即可。

小贴士

螺片可用温水泡发，能缩短泡发的时间。